LE VRAY MOY EN DE
TROVVER LA VARIATION DE L'AYMANT PAR
la Table des Amplitudes auec vne obſeruation ſur le Buſſolle
au leuer où au coucher du Soleil

Pareillement eſt icy Enſeigné le moyen de trouuer la variation de l'Aymant à toutes
heures du Iour en voyant lumbre du Soleil ſur le Buſſolle et ſa hauteur ſur l'horiſon.

Par IEAN LE TELIER, de Dieppe.

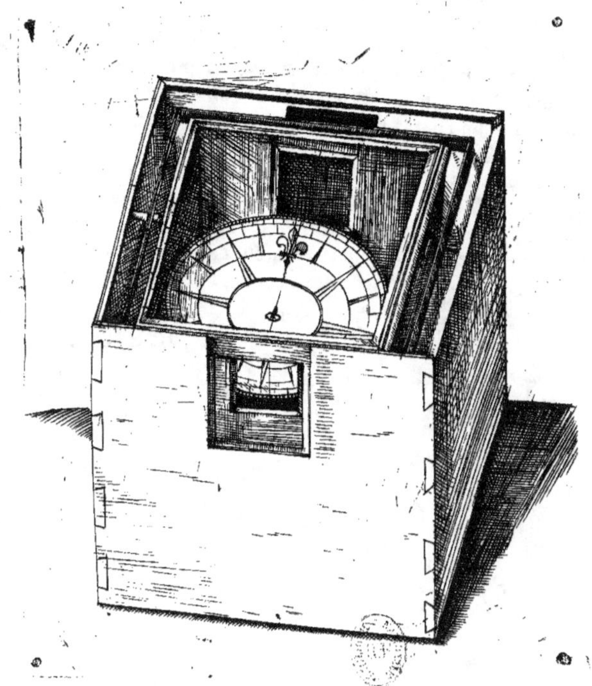

A DIEPPE,

e l'Imprimerie de NICOLAS ACHER, de meurant à la grand ruë
deuaut la Fontaine du marché.

1631.

Aux Amateurs de l'art de Nauiguer.

LA France doibt c'eſt houneur à la memoire du Capitaine Nico
Bon, de Dieppe, ayant eſté tres experimenté en l'art & ſcience de N
gation & curieux obſeruateur de la variation de l'Aymant, d'auoir
premier qui à dóné aux François la maniere de trouuer la variation d
mant par la Table des Amplitudes à vne ſeulle obſeruation prinſe a
ou au coucher du Soleil, choſe qui au parauant luy n'auoit iamais eſté
Table n'y imprimé en François, quoy que cela fut enſeigné en la pra
du Globe & de la Sphere il eſtoit cognu & pratiqué de peu de ceux q
proffeſſion de l'art de Nauiguer, or maintenant ce que ieſcry icy n'e
qui contrarie à ce qu'il en à faiĉt imprimer ains eſt vne continuatio
Table meſme laquelle ayant eſté par luy prolongee depuis les 45. iu
55. degrez de Latitude a eſté par moy continuee iuſques à 66. degre
faueur de ceux qui ſeront curieux de rechercher la variation de l'A
aux coſtes de Noruegue & de Suede, i'ay auſſy mis icy la vraye decli
du Soleil reformee par le docte Tichobrahé, auec la maniere de tro
variation de l'Aymant non ſeulement au leuer & coucher du Soleil,
toutes les heures du iour pour la commodité de ceux qui Nauigue
Senegal cap de Verr & guinee & pareillement à ceux qui Nauigue
Coſtes de la Terreneuſue, Cadie, & Canadas auſquels lieux ne ſe
Soleil que rarement à ſon leuer & coucher choſes que ie vous prie a
comme gages de ma bonne volonté enuers vous en attendant mieu

à Dieu ſoyes.

INSTRVCTION DE CE
QVI EST CONTENV EN LA TABLE
des Amplitudes.

EN ceste Table il y à 25. colomnes, dont la premiere qui est à la main sene-
stre monstre les Latitudes du Monde depuis 1. degré iusques à 66. & d.
contant du hault en bas, les 24. autres colomnes monstrent en quel degré &
minutte se doibt leuer & coucher le Soleil loing de l'Est ou du Ouest vers le
Nord, ou vers le Sud par toutes lesdictes Latitudes selon la Declinaison du
iour, laquelle est Marquee au hault de chacune colomne depuis 1. degré ius-
ques à 23. degres & d.

VSAGE DE LA TABLE DES
AmPlitudes

La Latitude & la Declinaison du Soleil estant Donnez trouuer sur ceste Ta-
ble en quel degré & minutte se doit leuer & coucher le Soleil.

Exemple.

SY vousvoulessçauoir en quel degré & minutte se leuera ou couchera le So-
leil ayant 16. degres de declinaison Nord à ceux qui seront par les 35. de-
gres de Latitude vous regarderes au hault des colomnes ou il y aura 16. &
descendres sur icelle colomne iusques à ce que soyes en front des 35 degres
de Latitude & en ce lieu la Table vous monstrera que le Soleil se leuera 19.
degres 36. minuttes de l'Est vers le Nord, & couchera ensemblable degré &
minutte du Ouest vers le Nord.

ADVERTISSEMENT.

QVand la declinaizon du Soleil est Nord, la Table vous monstre le leuer
du Soleil de l'Est vers le Nord, & le coucher du Ouest vers le Nord, &
quand la declinaison est Sud, elle vous monstre le leuer du Soleil, de l'Est vers
le Sud, & son coucher du Ouest vers le Sud.

AVTRE ADVERTISSEMENT.

SY on auoit 15. degres 30. minutes de declinaison en vne Latitude proposee
vous adjousteres ce qui sera sur la Table aux deux colomnes 15. & 16. & la
moitié de ce nombre sera le degré & minutte ou le Soleil se leuera ou couche-
ra, en adjoustant la moitié de l'exces de 16. à 15. vous aures le mesme, pareil-
lement s'y vous voulies sçauoir en quel lieu se leuera ou couchera le Soleil
estant par les 33. degres 20 minuttes de Latitude par vne declinaison du So-
leil proposee, vous adjousteres le tiers de l'exces des 34. degres aux trente-
trois degres de Latitude, & vous aures le Requis.

A

Table Des Amplitudes Ortiues & Occaſſ[iues…]
Leuer & coucher loing de l'Eſt ou du Oueſt ve[rs…]

	1		2		3		4		5		6		7		8	
	D.	M.	D.	M.	D.	M.	D.	M.	D.	M.	D.	M.	D.	M.	D.	M.
1	1	0	2	0	3	0	4	0	5	0	6	0	7	0	8	0
2	1	0	2	0	3	0	4	0	5	0	6	0	7	0	8	0
3	1	0	2	0	3	0	4	0	5	0	6	0	7	0	8	0
4	1	0	2	0	3	0	4	1	5	1	6	2	7	1	8	1
5	1	0	2	0	3	0	4	2	5	2	6	2	7	2	8	2
6	1	0	2	0	3	1	4	3	5	3	6	3	7	3	8	3
7	1	0	2	1	3	1	4	4	5	4	6	4	7	4	8	4
8	1	0	2	1	3	1	4	4	5	4	6	5	7	5	8	5
9	1	0	2	1	3	1	4	5	5	5	6	5	7	5	8	5
10	1	1	2	2	3	2	4	6	5	6	6	6	7	6	8	6
11	1	1	2	2	3	2	4	6	5	6	6	8	7	8	8	8
12	1	1	2	2	3	3	4	7	5	7	6	9	7	9	8	9
13	1	1	2	2	3	4	4	8	5	8	6	11	7	11	8	11
14	1	1	2	2	3	4	4	9	5	10	6	13	7	13	8	13
15	1	2	2	3	3	5	4	10	5	11	6	15	7	15	8	15
16	1	2	2	4	3	5	4	11	5	12	6	16	7	16	8	16
17	1	2	2	4	3	7	4	13	5	14	6	17	7	18	8	20
18	1	3	2	5	3	8	4	14	5	16	6	19	7	21	8	23
19	1	3	2	6	3	9	4	15	5	17	6	21	7	24	8	26
20	1	4	2	7	3	10	4	17	5	19	6	24	7	26	8	30
21	1	4	2	7	3	11	4	19	5	21	6	26	7	29	8	34
22	1	5	2	8	3	13	4	21	5	23	6	29	7	32	8	38
23	1	5	2	9	3	14	4	23	5	26	6	32	7	36	8	42
24	1	6	2	10	3	15	4	25	5	28	6	35	7	40	8	46
25	1	6	2	11	3	17	4	27	5	31	6	38	7	44	8	50
26	1	7	2	12	3	19	4	29	5	33	6	41	7	48	8	55
27	1	7	2	13	3	21	4	31	5	36	6	45	7	52	9	0
28	1	8	2	15	3	22	4	34	5	39	6	48	7	56	9	5
29	1	8	2	16	3	24	4	36	5	43	6	52	8	0	9	10
30	1	9	2	17	3	26	4	39	5	46	6	57	8	5	9	15
31	1	10	2	19	3	29	4	41	5	50	7	1	8	10	9	21
32	1	11	2	21	3	31	4	44	5	54	7	6	8	15	9	27
33	1	12	2	23	3	34	4	48	5	58	7	11	8	20	9	33
34	1	12	2	25	3	37	4	51	6	2	7	15	8	25	9	40
35	1	13	2	26	3	40	4	55	6	6	7	20	8	32	9	47

	9 D	M	10 D	M	11 D	M	12 D	M	13 D	M	14 D	M	15 D	M	16 D	M
1	9	0	10	0	11	0	12	0	13	0	14	0	15	0	16	0
2	9	0	10	0	11	0	12	0	13	0	14	0	15	0	16	1
3	9	0	10	0	11	0	12	0	13	0	14	1	15	1	16	2
4	9	1	10	1	11	1	12	1	13	1	14	2	15	2	16	3
5	9	2	10	2	11	2	12	2	13	2	14	3	15	3	16	4
6	9	3	10	3	11	3	12	4	13	3	14	5	15	5	16	6
7	9	4	10	4	11	4	12	5	13	5	14	7	15	7	16	8
8	9	5	10	5	11	5	12	7	13	7	14	9	15	9	16	10
9	9	6	10	7	11	7	12	9	13	9	14	11	15	11	16	12
10	9	7	10	8	11	9	12	11	13	12	14	13	15	14	16	15
11	9	8	10	10	11	11	12	13	13	15	14	16	15	17	16	18
12	9	10	10	12	11	13	12	16	13	18	14	19	15	21	16	21
13	9	11	10	15	11	15	12	19	13	21	14	22	15	24	16	26
14	9	14	10	18	11	17	12	22	13	24	14	26	15	28	16	31
15	9	17	10	21	11	20	12	26	13	28	14	30	15	32	16	35
16	9	20	10	24	11	23	12	30	13	32	14	35	15	37	16	40
17	9	23	10	27	11	27	12	34	13	36	14	40	15	42	16	45
18	9	26	10	31	11	31	12	38	13	41	14	45	15	48	16	51
19	9	30	10	35	11	35	12	42	13	46	14	50	15	54	16	57
20	9	35	10	39	11	39	12	47	13	51	14	55	16	0	17	3
21	9	39	10	43	11	43	12	52	13	57	15	1	16	7	17	10
22	9	43	10	48	11	48	12	57	14	3	15	8	16	14	17	17
23	9	47	10	53	11	53	13	3	14	9	15	15	16	21	17	25
24	9	51	10	58	12	0	13	9	14	15	15	22	16	28	17	33
25	9	56	11	3	12	8	13	16	14	22	15	29	16	31	17	42
26	10	1	11	9	12	16	13	23	14	29	15	37	16	44	17	51
27	10	6	11	15	12	23	13	30	14	37	15	46	16	53	18	0
28	10	12	11	21	12	30	13	37	14	45	15	55	17	3	18	10
29	10	18	11	27	12	37	13	44	14	53	16	4	17	13	18	21
30	10	24	11	34	12	44	13	53	15	1	16	13	17	23	18	33
31	10	31	11	42	12	51	14	2	15	11	16	24	17	34	18	45
32	10	38	11	50	12	59	14	11	15	22	16	35	17	46	18	58
33	10	45	11	58	13	8	14	22	15	33	16	46	17	59	19	11
34	10	53	12	6	13	17	14	32	15	44	16	58	18	11	19	25
35	12	1	12	17	13	27	14	42	15	56	17	11	18	25	19	40

A 2

	17 D	M	18 D	M	19 D	M	20 D	M	21 D	M	22 D	M	23 D	M	23 D	M
1	17	0	18	0	19	0	20	0	21	0	22	0	23	0	23	30
2	17	1	18	1	19	1	20	1	21	1	22	1	23	1	23	31
3	17	2	18	2	19	2	20	2	21	2	22	2	23	2	23	33
4	17	3	18	3	19	3	20	3	21	3	22	3	23	4	23	34
5	17	4	18	4	19	4	20	4	21	5	22	5	23	6	23	36
6	17	6	18	6	19	6	20	6	21	7	22	7	23	9	23	39
7	17	8	18	8	19	9	20	9	21	10	22	10	23	12	23	42
8	17	10	18	11	19	12	20	12	21	13	22	13	23	15	23	45
9	17	13	18	14	19	15	20	15	21	16	22	17	23	18	23	49
10	17	16	18	17	19	18	20	19	21	20	22	21	23	22	23	53
11	17	20	18	21	19	22	20	23	21	24	22	26	23	26	23	55
12	17	[illegible]	18	25	19	27	20	28	21	29	22	31	23	31	24	4
13	17	[illegible]	18	30	19	32	20	3	21	34	22	36	23	37	24	10
14	17	[illegible]	18	35	19	37	20	3	21	40	22	42	23	44	24	16
15	17	37	18	40	19	42	20	44	21	46	22	49	23	51	24	23
16	17	42	18	46	19	47	20	50	21	54	22	56	23	58	24	30
17	17	48	18	52	19	53	20	57	22	2	23	3	24	6	24	38
18	17	54	18	58	20	0	21	4	22	10	23	11	24	15	24	47
19	18	0	19	5	20	8	21	12	22	19	23	20	24	24	24	56
20	18	7	19	12	20	16	21	21	22	28	23	30	24	34	25	6
21	18	15	19	20	20	24	21	30	22	37	23	40	24	45	25	16
22	18	23	19	29	20	33	21	39	22	46	23	50	24	56	25	27
23	18	31	19	38	20	43	21	49	22	56	24	1	25	8	25	39
24	18	40	19	47	20	53	21	59	23	6	24	13	25	21	25	52
25	18	49	19	56	21	3	22	10	23	17	24	25	25	35	26	6
26	18	59	20	7	21	14	22	22	23	28	24	38	25	49	26	20
27	19	10	20	18	21	26	22	34	23	41	24	52	26	3	26	35
28	19	21	20	29	21	38	22	47	23	55	25	7	26	18	26	51
29	19	32	20	41	21	51	23	1	24	10	25	21	26	33	27	7
30	19	44	20	54	22	5	23	16	24	26	25	38	26	49	27	24
31	19	57	21	8	22	19	23	31	24	43	25	55	27	7	27	43
32	20	10	21	22	22	34	23	47	25	1	26	13	27	26	28	3
33	20	24	21	37	22	50	24	4	25	19	26	32	27	46	28	23
34	20	39	21	53	23	7	24	22	25	37	26	52	28	7	28	45
35	20	55	22	10	23	25	24	41	25	57	27	13	28	29	29	8

du Soleil demonstrant par chacun Iour en
Nord ou vers le Sud suiuant la declinaison

	9		10		11		12		13		14		15		16	
	D.	M.	D.	M.	D.	M.	D.	M	D.	M.	D.	M.	D.	M	D.	M
36	11	9	12	24	13	38	14	53	16	9	17	24	18	40	19	55
37	11	18	12	33	13	49	15	5	16	22	17	38	18	55	20	11
38	11	27	12	43	14	1	15	18	16	35	17	53	19	10	20	28
39	11	37	12	54	14	13	15	31	16	49	18	8	19	27	20	46
40	11	47	13	6	14	26	15	45	17	5	18	25	19	45	21	5
41	11	57	13	18	14	39	16	0	17	20	18	42	20	3	21	25
42	12	9	13	31	14	52	16	15	17	37	19	0	20	23	21	46
43	12	21	13	44	15	7	16	31	17	55	19	19	20	44	22	8
44	12	33	13	58	15	22	16	48	18	14	19	39	21	5	22	32
45	12	47	14	13	15	39	17	6	18	33	20	0	21	28	22	56
46	13	1	14	28	15	57	17	25	18	54	20	23	21	53	23	23
47	13	16	14	44	16	15	17	45	19	16	20	46	22	19	23	50
48	13	31	15	2	16	33	18	6	19	38	21	12	22	45	24	20
49	13	47	15	21	16	54	18	28	20	3	21	38	23	14	24	51
50	14	5	15	40	17	10	18	52	20	29	22	6	23	45	25	24
51	14	24	16	1	17	39	19	17	20	57	22	36	24	17	25	58
52	14	44	16	23	18	3	19	44	21	26	23	6	24	52	26	35
53	15	4	16	46	18	29	20	12	21	57	23	42	25	28	27	15
54	15	26	17	11	18	57	20	42	22	30	24	18	26	7	27	58
55	15	50	17	37	19	26	21	15	23	5	24	57	26	49	28	43
56	16	15	18	6	19	56	21	50	23	43	25	38	27	35	29	32
57	16	42	18	36	20	29	22	27	24	22	26	22	28	22	30	24
58	17	10	19	8	21	6	23	6	25	7	27	10	29	14	31	20
59	17	40	19	42	21	45	23	48	25	54	28	0	30	11	32	21
60	18	14	20	19	22	26	24	34	26	44	28	56	31	10	33	27
61	18	51	20		23	11	25	24	27	38	29	56	32	16	34	38
62	19	29	21	42	23	59	26	18	28	36	31	1	33	27	36	40
63	20	9	22	29	24	51	27	15	29	42	32	12	34	45	37	23
64	20	53	23	19	25	49	28	18	30	52	33	30	36	11	38	58
65	21	43	24	16	26	53	29	28	32	9	34	55	37	46	40	42
66	22	37	25	16	28	10	30	45	33	34	36	30	39	31	42	39
66&d.	23	6	25	49	28	35	31	26	34	20	37	21	40	28	43	44

nel Degré & Minutte le Soleil se doit leuer &
epuis 36. Degres de Latitude iufques par les 66. degres

	17		18		19		20		21		22		23		23 & d.	
	D.	M.	D.	M.	D.	M.	D.	M.	D.	M.	D.	M.	D.	M.	D.	M.
36	21	11	22	27	23	44	25	0	26	18	27	35	28	53	29	52
37	21	28	22	46	24	3	25	21	26	39	27	58	29	17	29	57
38	21	46	23	5	24	24	25	43	27	3	28	23	29	43	30	24
39	22	6	23	26	24	46	26	6	27	27	28	49	30	11	30	52
40	22	26	23	48	25	9	26	31	27	53	29	17	30	40	31	22
41	22	47	24	10	25	33	26	57	28	20	29	45	31	10	31	53
42	23	10	24	34	25	59	27	24	28	49	30	16	31	43	32	27
43	23	34	25	0	26	26	27	53	29	20	30	49	32	17	33	2
44	23	59	25	26	26	54	28	23	29	54	31	24	32	54	33	39
45	24	25	25	54	27	24	28	55	30	27	31	59	33	32	34	19
46	24	52	26	25	27	57	29	30	31	3	32	38	34	13	35	1
47	25	22	26	56	28	30	30	6	31	41	33	19	34	57	35	47
48	25	54	27	30	29	6	30	44	32	23	34	3	35	44	36	34
49	26	27	28	6	29	45	31	25	33	6	34	49	36	33	37	25
50	27	3	28	42	30	26	32	9	33	53	35	39	37	26	38	20
51	27	40	29	24	31	9	32	55	34	42	36	32	38	23	39	19
52	28	21	30	8	31	55	33	45	35	36	37	29	39	23	40	22
53	29	4	30	54	32	44	34	38	36	32	38	30	40	29	41	29
54	29	50	31	43	33	38	35	35	37	34	39	26	41	40	42	44
55	30	39	32	36	34	35	36	37	38	40	40	47	42	56	44	3
56	31	32	33	33	35	36	37	43	39	51	42	5	43	45	45	30
57	32	28	34	34	36	42	38	54	41	11	43	27	45	50	47	4
58	33	29	35	40	38	2	40	12	42	33	44	59	47	30	48	48
59	34	36	36	52	39	12	41	36	44	5	46	40	49	20	50	43
60	35	47	38	10	40	37	43	9	45	46	48	31	51	23	52	52
61	37	5	39	35	42	11	44	52	47	39	50	36	53	41	55	20
62	38	31	41	10	43	54	46	46	49	45	52	56	56	20	58	8
63	40	5	42	54	45	49	48	53	52	7	55	37	59	24	61	26
64	41	49	44	49	47	57	41	17	54	50	58	43	63	2	65	27
65	43	46	46	59	50	21	54	1	57	59	62	26	67	36	70	38
66	45	57	49	26	53	10	57	14	61	45	67	5	73	52	78	37
66	47	9	50	48	54	59	59	4	63	59	69	59	78	30	90	0

ADVERTISSEMENT

AVX PILOTTES

DE QVELLE DECLINAISON DV SOLEIL ON SE DOI
ſeruit Et du moyen de prouuer s'y elle ſera vraye ou fauſſe.

Il eſt grádemét neceſſaire (auant que le Pilotte entreprengne vn Voyag
qu'il face election quelle declinaiſon du Soleil ſera la plus ſeure, pou
que chacune Nation à ſa declinaiſon du Soleil differente de l'autre: & q
s'en voit qui different l'vne de l'autre d'vn tiers de degré en quelques ſaiſo
Et de la aduient ſouuent de grands Erreurs, Et que quelques fois les Nauire
trouuent dedans la Manche de Briſtock, en lieu d'eſtre dans noſtre Canal
qui eſt attribué à la faulte des Pilottes & Nauigateurs, combien qu'elle
vienne directement d'eux, ains de leurs declinaiſons; Or donc le Pilote p
euiter ce deffault, doit eſtre curieux en ſeiournant en quelque lieu, dont la
titude ſera bien cognuë, de prendre la haulteur du Soleil à midy: Et apres l
garder ſur laquelle des declinaiſons ſe peult Rapporter la Latitude du lieu
il ſera, Et ainſy il cognoiſtra la meilleure & plus ſeure declinaiſon de tou
Ce qui luy dónera vn ſubject d'admiration & occaſion de n'eſtre pareſſeu
c'eſt exercice, Notaument s'il faict ceſte experience en vn meſme lieu lors
le Soleil ſera à l'œquinoctial, & qu'il paſſera par les Tropicques, de Cance
Capricorne: parce qu'en ces trois ſaiſons il trouuera auec la plus part des
clinaiſons qui ſont dedans les liures, que nous auons les plus vulgaires pou
Nauigation, que la Latitude du lieu ou il ſeroit changeroit de quarante
nuttes ayant 20. minuttes de declinaiſon en vne ſaiſon plus qu'il ne connie
& 20. minuttes moins en l'autre, ce qui feroit ainſy croiſtre & diminue
Latitude d'vn meſme lieu ſans raiſon: Et pareillement feroit que lon trou
roit en meſme lieu changement de variation: quelques fois de plus de de
degres, ce qui ne peut eſtre ce là m'a faict maintefois negliger de prendre
hauteur du Soleil deuant des perſonnes capables d'en Iuger, craignant
tomber en honte & y à paſſé 20. ans que m'eſtát apperçeu de ce deffaut iau
trauaillé à Reformer vne declinaiſon du Soleil, par laquelle en tout temps
trouueroit meſme Latitude en meſme lieu: Et cóme i'eſtois ſur le point d
faire Imprimer, ie la trouuay à peu pres s'emblable dedans les petits Regin
Hollandois calculée par le docte Tichobrahé, de laquelle maintenant ie n
ſers. Or Iugeant que quelques Pilottes qui ne cognoiſtroient point le deff
de ces declinaiſons en pourroient faire autant cóme ie faiſois, Ce qui leur
roit le plus ſouuent attribué à ingratitude. Cóme s'ils ſexemptoient de pré
dre la hauteur du Soleil publicquement Craignant q'vn autre les regard
n'en apprint la maniere (à quoy la plus part ne peſent pas) c'eſt pourquoy
leur ay Donné le preſent aduertiſſement à celle fin qu'en l'enſuiuant ils ſoi
exempts de ce blaſme.

Première Année				Deuxiefme Année				Troisiefme Année				Bifexte		
Iours	D.	M.		Iours	D.	M.		Iours	D.	M.		Iours	D.	M.
1	23	1		1	23	3		1	23	4		1	23	5
2	22	56		2	22	58		2	22	59		2	23	0
3	22	50		3	22	52		3	22	53		3	22	55
4	22	44		4	22	45		4	22	47		4	22	49
5	22	37		5	22	38		5	22	40		5	22	42
6	22	30		6	22	31		6	22	33		6	22	35
7	22	22		7	22	24		7	22	26		7	22	28
8	22	14		8	22	16		8	22	18		8	22	20
9	22	5		9	22	7		9	22	9		9	22	12
10	21	56		10	21	58		10	22	0		10	22	3
11	21	46		11	21	47		11	21	51		11	21	54
12	21	36		12	21	39		12	21	41		12	21	44
13	21	26		13	21	29		13	21	31		13	21	34
14	21	15		14	21	18		14	21	21		14	21	23
15	21	4		15	21	7		15	21	10		15	21	12
16	20	52		16	20	55		16	20	58		16	21	1
17	20	40		17	20	43		17	20	46		17	20	49
18	20	28		18	20	31		18	20	34		18	20	37
19	20	15		19	20	18		19	20	22		19	20	25
20	20	2		20	20	5		20	20	9		20	20	12
21	19	49		21	19	52		21	19	55		21	19	59
22	19	35		22	19	38		22	19	42		22	19	45
23	19	21		23	19	24		23	19	28		23	19	31
24	19	6		24	19	10		24	19	13		24	19	17
25	18	51		25	18	55		25	18	58		25	19	2
26	18	36		26	18	40		26	18	43		26	18	47
27	18	20		27	18	24		27	18	28		27	18	31
28	18	4		28	18	8		28	18	12		28	18	16
29	17	48		29	17	52		29	17	56		29	18	0
30	17	32		30	17	36		30	17	40		30	17	44
31	17	15		31	17	19		31	17	23		31	17	27

Declinaison Sud ♒

A

Febvrier.

Between each pair of year-columns the page prints the vertical label: **Declinaison Sud)(**

Iours	Premiere Année D	M	Iours	Deuxiefme Année D	M	Iours	Troixiefme Année D	M	Iour	Bisexte D	M
1	16	58	1	17	2	1	17	6	1	17	
2	16	40	2	16	44	2	16	48	2	16	
3	16	22	3	16	26	3	16	31	3	16	
4	16	4	4	16	8	4	16	13	4	16	
5	15	46	5	15	50	5	15	55	5	15	
6	15	27	6	15	31	6	15	36	6	15	
7	15	8	7	15	12	7	15	17	7	15	
8	14	49	8	14	53	8	14	58	8	15	
9	14	30	9	14	34	9	14	39	9	14	
10	14	10	10	14	15	10	14	20	10	14	
11	13	49	11	13	55	11	14	0	11	14	
12	13	29	12	13	35	12	13	40	12	13	
13	13	9	13	13	15	13	13	20	13	13	
14	12	49	14	12	54	14	13	0	14	13	
15	12	29	15	12	34	15	12	39	15	12	
16	12	8	16	12	13	16	12	18	16	12	
17	11	47	17	11	52	17	11	57	17	12	
18	11	25	18	11	31	18	11	36	18	11	
19	11	4	19	11	9	19	11	15	19	11	
20	10	42	20	10	48	20	10	53	20	10	
21	10	21	21	10	26	21	10	31	21	10	
22	9	59	22	10	4	22	10	9	22	10	
23	9	37	23	9	42	23	9	47	23	9	
24	9	15	24	9	20	24	9	25	24	9	
25	8	52	25	8	58	25	9	3	25	9	
26	8	39	26	8	35	26	8	41	26	8	
27	8	7	27	8	13	27	8	18	27	8	
28	7	44	28	7	50	28	7	55	28	8	
									29	7	

Première Année		Deuxieme Année		Troisxiefme Année		Bicexte	
Iours	D. M.	Iours	D. M.	Iours	D. M.	Iours	D. M.
1	7 21	1	7 27	1	7 33	1	7 16
2	6 58	2	7 4	2	7 10	2	6 53
3	6 35	3	6 41	3	6 47	3	6 30
4	6 12	4	6 18	4	6 24	4	6 7
5	5 49	5	5 55	5	6 0	5	5 43
6	5 26	6	5 32	6	5 37	6	5 20
7	5 3	7	5 8	7	5 14	7	4 57
8	4 39	8	4 45	8	4 50	8	4 33
9	4 16	9	4 21	9	4 27	9	4 10
10	3 52	10	3 58	10	4 3	10	3 47
11	3 29	11	3 34	11	3 40	11	3 23
12	3 5	12	3 11	12	3 16	12	2 59
13	2 41	13	2 47	13	2 53	13	2 35
14	2 18	14	2 23	14	2 29	14	2 11
15	1 54	15	2 0	15	2 6	15	1 48
16	1 30	16	1 36	16	1 42	16	1 24
17	1 6	17	1 12	17	1 18	17	1 1
18	0 42	18	0 48	18	0 54	18	0 37
19	0 18	19	0 25	19	0 31	19	0 13
20	0 5	20	0 1	20	0 7	20	0 11
21	0 28	21	0 22	21	0 17	21	0 34
22	0 52	22	0 45	22	0 40	22	0 58
23	1 16	23	1 9	23	1 4	23	1 21
24	1 39	24	1 33	24	1 28	24	1 45
25	2 3	25	1 57	25	1 51	25	2 8
26	2 26	26	2 21	26	2 15	26	2 32
27	2 49	27	2 44	27	2 38	27	2 55
28	3 13	28	3 7	28	3 2	28	3 18
29	3 36	29	3 31	29	3 25	29	3 42
30	4 0	30	3 54	30	3 49	30	4 5
31	4 23	31	4 18	31	4 12	31	4 28

Declinaison Sud ♈ Declinaison Nord

Auril.

Premiere		Année	Deusieme		Année	Troixiefme		Année	Bisexte	
Iours	D.	M		Iours	D. M.		Iours	D. M.	Iours	D.
1	4	46		1	4 41		1	4 35	1	4
2	5	9		2	5 4		2	4 58	2	5
3	5	32		3	5 27		3	5 21	3	5
4	5	55		4	5 49		4	5 44	4	6
5	6	18		5	6 12		5	6 7	5	6
6	6	40		6	6 35		6	6 29	6	6
7	7	3		7	6 57		7	6 52	7	7
8	7	25		8	7 19		8	7 14	8	7
9	7	47		9	7 42		9	7 37	9	7
10	8	10		10	8 4		10	7 59	10	8
11	8	32		11	8 26		11	8 21	11	8
12	8	54		12	8 48		12	8 43	12	8
13	9	15		13	9 10		13	9 5	13	9
14	9	37		14	9 32		14	9 27	14	9
15	9	58		15	9 53		15	9 48	15	10
16	10	19		16	10 15		16	10 9	16	10
17	10	40		17	10 36		17	10 30	17	10
18	11	1		18	10 57		18	10 51	18	11
19	11	22		19	11 17		19	11 12	19	11
20	11	43		20	11 38		20	11 33	20	11
21	12	3		21	11 58		21	11 53	21	12
22	12	23		22	12 18		22	12 13	22	12
23	12	43		23	12 38		23	12 33	23	12
24	13	3		24	12 58		24	12 53	24	13
25	13	23		25	13 18		25	13 13	25	13
26	13	42		26	13 37		26	13 33	26	13
27	14	1		27	13 56		27	13 52	27	14
28	14	20		28	14 15		28	14 11	28	14
29	14	39		29	14 34		29	14 30	29	14
30	14	57		30	14 53		30	14 48	30	15

Side labels (vertical, repeated beside each column group): Nord · ♈ · Declinaison

Premiere			Année	Deuxiesme			Année	Troixiesme			Année	Bisexte		
Iours	D.	M		Iours	D.	M		Iours	D.	M.		Iours	D.	M.
1	15	15		1	15	11		1	15	6		1	15	19
2	15	33		2	15	27		2	15	24		2	15	31
3	15	50		3	15	46		3	15	42		3	15	55
4	16	7		4	16	4		4	16	0		4	16	12
5	16	25		5	16	21		5	16	17		5	16	29
6	16	42		6	16	38		6	16	34		6	16	46
7	16	59		7	16	55		7	16	51		7	17	3
8	17	15		8	17	11		8	17	7		8	17	19
9	17	31		9	17	27		9	17	23		9	17	35
10	17	46		10	17	43		10	17	39		10	17	51
11	18	2		11	17	58		11	17	55		11	18	6
12	18	17		12	18	13		12	18	10		12	18	21
13	18	32		13	18	28		13	18	25		13	18	36
14	18	47		14	18	43		14	18	40		14	18	50
15	19	1		15	18	57		15	18	54		15	19	4
16	19	15		16	19	11		16	19	8		16	19	18
17	19	28		17	19	25		17	19	22		17	19	31
18	19	41		18	19	38		18	19	35		18	19	44
19	19	54		19	19	51		19	19	49		19	19	57
20	20	7		20	20	4		20	20	1		20	20	10
21	20	19		21	20	16		21	20	13		21	20	22
22	20	31		22	20	28		22	20	25		22	20	34
23	20	43		23	20	40		23	20	37		23	20	45
24	20	54		24	20	51		24	20	48		24	20	56
25	21	5		25	21	2		25	20	59		25	21	7
26	21	15		26	21	13		26	21	10		26	21	18
27	21	25		27	21	23		27	21	20		27	21	28
28	21	35		28	21	33		28	21	30		28	21	37
29	21	44		29	21	42		29	21	40		29	21	46
30	21	52		30	21	51		30	21	49		30	21	55
31	22	2		31	22	0		31	21	58		31	22	4

Nord — Declinaison · Nord — Declinaison · Nord — Declinaison Sud · Nord — Declinaison

Premiere Année			Deuxiesme Année			Troixiesme Année			Bisexte		
Iours	D.	M.	Iours	D.	M.	Iours	D.	M.	Iours	D.	M.
1	22	10	1	22	8	1	22	6	1	22	12
2	22	18	2	22	16	2	22	14	2	22	20
3	22	26	3	22	24	3	22	22	3	22	28
4	22	33	4	22	31	4	22	29	4	22	34
5	22	39	5	22	38	5	22	36	5	22	4
6	22	45	6	22	44	6	22	43	6	22	47
7	22	51	7	22	50	7	22	49	7	22	5
8	22	57	8	22	56	8	22	54	8	22	5
9	23	2	9	23	1	9	22	59	9	23	
10	23	7	10	23	6	10	23	4	10	23	
11	23	11	11	23	10	11	23	9	11	23	12
12	23	15	12	23	14	12	23	13	12	23	10
13	23	18	13	23	18	13	23	17	13	23	19
14	23	21	14	23	21	14	23	20	14	23	22
15	23	24	15	23	24	15	23	23	15	23	2
16	23	26	16	23	26	16	23	25	16	23	27
17	23	28	17	23	28	17	23	27	17	23	25
18	23	30	18	23	29	18	23	29	18	23	30
19	23	31	19	23	30	19	23	30	19	23	3
20	23	31	20	23	31	20	23	31	20	23	3
21	23	$31\frac{1}{2}$	21	23	$31\frac{1}{2}$	21	23	$31\frac{1}{2}$	21	23	$31\frac{1}{2}$
22	23	31	22	23	$31\frac{1}{2}$	22	23	$31\frac{1}{2}$	22	23	31
23	23	31	23	23	31	23	23	31	23	23	30
24	23	30	24	23	30	24	23	30	24	23	29
25	23	28	25	23	29	25	23	29	25	23	28
26	23	26	26	23	27	26	23	27	26	23	26
27	23	24	27	23	25	27	23	25	27	23	23
28	23	21	28	23	22	28	23	23	28	23	21
29	23	18	29	23	19	29	23	20	29	23	17
30	23	14	30	23	16	30	23	16	30	23	14

Declinaison Nord   Declinaison Nord   Declinaison Nord   Declinaison Nord

Premiere Année		Deuxiesme Année		Troixiesme Année		Bisexte	
Iours	D. M.	Iours	D. M.	Iours	D. M.	Iours	D. M.
1	23 10	1	23 12	1	23 13	1	23 10
2	23 6	2	23 8	2	23 9	2	23 5
3	23 2	3	23 3	3	23 4	3	23 0
4	22 57	4	22 58	4	22 59	4	22 55
5	22 51	5	22 53	5	22 54	5	22 49
6	22 45	6	22 47	6	22 48	6	22 43
7	22 39	7	22 41	7	22 42	7	22 37
8	22 32	8	22 34	8	22 36	8	22 30
9	22 25	9	22 27	9	22 29	9	22 23
10	22 18	10	22 20	10	22 21	10	22 16
11	22 10	11	22 12	11	22 13	11	22 8
12	22 2	12	22 4	12	22 5	12	22 0
13	21 53	13	21 55	13	21 57	13	21 51
14	21 44	14	21 46	14	21 48	14	21 42
15	21 35	15	21 37	15	21 39	15	21 32
16	21 25	16	21 27	16	21 30	16	21 22
17	21 15	17	21 17	17	21 20	17	21 12
18	21 5	18	21 7	18	21 10	18	21 2
19	20 54	19	20 56	19	20 59	19	20 51
20	20 43	20	20 45	20	20 48	20	20 40
21	20 31	21	20 34	21	20 37	21	20 28
22	20 19	22	20 22	22	20 25	22	20 16
23	20 7	23	20 10	23	20 13	23	20 4
24	19 54	24	19 58	24	20 1	24	19 51
25	19 41	25	19 45	25	19 48	25	19 38
26	19 28	26	19 32	26	19 35	26	19 25
27	19 15	27	19 18	27	19 22	27	19 12
28	19 1	28	19 4	28	19 8	28	18 58
29	18 47	29	18 50	29	18 54	29	18 43
30	18 32	30	18 36	30	18 39	30	18 29
31	18 17	31	18 21	31	18 25	31	18 14

Declinaison Nord ☋

Declinaiſon Nord

Premiere Année			Deuxieſme Année			Troixieſme Année			Biſexte		
Iours	D.	M.	Iours	D.	M.	Iours	D.	M.	Iours	D.	M.
1	18	2	1	18	6	1	18	10	1	17	[illegible]
2	17	47	2	17	51	2	17	55	2	17	[illegible]
3	17	32	3	17	35	3	17	39	3	17	[illegible]
4	17	16	4	17	19	4	17	23	4	17	[illegible]
5	17	0	5	17	3	5	17	7	5	16	[illegible]
6	16	43	6	16	47	6	16	51	6	16	[illegible]
7	16	26	7	16	30	7	16	34	7	16	[illegible]
8	16	9	8	16	13	8	16	17	8	16	[illegible]
9	15	52	9	15	56	9	16	0	9	15	[illegible]
10	15	34	10	15	39	10	15	43	10	15	[illegible]
11	15	16	11	15	21	11	15	25	11	15	[illegible]
12	14	58	12	15	3	12	15	7	12	14	[illegible]
13	14	40	13	14	45	13	14	49	13	14	[illegible]
14	14	22	14	14	26	14	14	31	14	14	[illegible]
15	14	3	15	14	8	15	14	12	15	13	[illegible]
16	13	44	16	13	49	16	13	53	16	13	[illegible]
17	13	25	17	13	30	17	13	34	17	13	[illegible]
18	13	6	18	13	10	18	13	15	18	13	[illegible]
19	12	46	19	12	51	19	12	56	19	12	[illegible]
20	12	26	20	12	31	20	12	36	20	12	[illegible]
21	12	6	21	12	11	21	12	16	21	12	[illegible]
22	11	46	22	11	51	22	11	56	22	11	[illegible]
23	11	26	23	11	31	23	11	36	23	11	[illegible]
24	11	5	24	11	10	24	11	15	24	11	[illegible]
25	10	44	25	10	47	25	10	54	25	10	[illegible]
26	10	23	26	10	28	26	10	33	26	10	[illegible]
27	10	2	27	10	7	27	10	12	27	10	[illegible]
28	9	41	28	9	46	28	9	51	28	9	[illegible]
29	9	20	29	9	25	29	9	30	29	9	[illegible]
30	8	58	30	9	3	30	9	9	30	8	[illegible]
31	8	36	31	8	42	31	8	47	31	8	[illegible]

Premiere		Année	Deuxiefme		Année	Troixiefme		Année	Bifexte	
Iours	D. M.		Iours	D. M.		Iours	D. M.		Iours	D. M.
I	8 14		I	8 20		I	8 25		I	8 9
2	7 52		2	7 58		2	8 3		2	7 47
3	7 30		3	7 35		3	7 41		3	7 25
4	7 8		4	7 14		4	7 19		4	7 3
5	6 46		5	6 51		5	6 57		5	6 40
6	6 23		6	6 28		6	6 34		6	6 18
7	6 1		7	6 6		7	6 12		7	5 55
8	5 38		8	5 44		8	5 49		8	5 32
9	5 15		9	5 21		9	5 26		9	5 10
10	4 52		10	4 58		10	5 4		10	4 47
11	4 30		11	4 35		11	4 41		11	4 24
12	4 7		12	4 12		12	4 18		12	4 1
13	3 44		13	3 49		13	3 55		13	3 38
14	3 21		14	3 26		14	3 32		14	3 15
15	2 57		15	3 3		15	3 8		15	2 51
16	2 34		16	2 40		16	2 45		16	2 28
17	2 11		17	2 16		17	2 22		17	2 5
18	1 47		18	1 53		18	1 59		18	1 42
19	1 24		19	1 30		19	1 35		19	1 18
20	1 0		20	1 6		20	1 12		20	0 55
21	0 37		21	0 42		21	0 48		21	0 31
22	0 13		22	0 19		22	0 25		22	0 7
23	0 10		23	0 4		23	0 1		23	0 16
24	0 34		24	0 28		24	0 22		24	0 39
25	0 57		25	0 52		25	0 46		25	1 3
26	1 21		26	1 15		26	1 9		26	1 26
27	1 44		27	1 39		27	1 33		27	1 50
28	2 8		28	2 2		28	1 56		28	2 13
29	2 31		29	2 26		29	2 20		29	2 37
30	2 54		30	2 49		30	2 43		30	3 1

Année   Declinaison Nord   ♎   Declinaison Sud

Premiere			Année	Deuxiesme			Année	Troixiesme			Anné	Bisexte		
Iours	D.	M.		Iours	D.	M.		Iours	D.	M.		ours	D.	M.
1	3	18		1	3	12		1	3	7		1	3	25
2	3	41		2	3	36		2	3	30		2	3	48
3	4	5		3	4	0		3	3	53		3	4	11
4	4	28		4	4	23		4	4	17		4	4	34
5	4	51		5	4	46		5	4	40		5	4	57
6	5	14		6	5	9		6	5	3		6	5	20
7	5	38		7	5	32		7	5	27		7	5	43
8	6	1		8	5	55		8	5	50		8	6	6
9	6	24		9	6	18		9	6	13		9	6	29
10	6	47		10	6	41		10	6	36		10	6	52
11	7	10		11	7	4		11	6	59		11	7	15
12	7	33		12	7	27		12	7	21		12	7	38
13	7	56		13	7	50		13	7	44		13	8	1
14	8	18		14	8	12		14	8	6		14	8	24
15	8	40		15	8	34		15	8	29		15	8	46
16	9	2		16	8	57		16	8	51		16	9	8
17	9	24		17	9	19		17	9	14		17	9	30
18	9	46		18	9	41		18	9	36		18	9	52
19	10	8		19	10	3		19	9	58		19	10	14
20	10	30		20	10	25		20	10	20		20	10	36
21	10	52		21	10	46		21	10	41		21	10	58
22	11	13		22	11	8		22	11	3		22	11	18
23	11	34		23	11	29		23	11	24		23	11	35
24	11	55		24	11	50		24	11	45		24	12	0
25	12	16		25	12	11		25	12	6		25	12	21
26	12	37		26	12	31		26	12	27		26	12	42
27	12	57		27	12	52		27	12	47		27	13	2
28	13	17		28	13	12		28	13	7		28	13	22
29	13	37		29	13	32		29	13	28		29	13	42
30	13	57		30	13	52		30	13	48		30	14	2
31	14	17		31	14	12		31	14	8		31	14	22

Declinaison Sud   ♏ (left margin label, repeated vertically in each *Année* column)

Premiere Année		Deuxiesme Année		Troixiesme Année		Bisexte Année	
Iours	D. M	Iours	D. M.	Iours	D. M.	Iours	D. M.
1	14 37	1	14 32	1	14 27	1	14 41
2	14 56	2	14 51	2	14 46	2	15 0
3	15 15	3	15 10	3	15 5	3	15 19
4	15 33	4	15 29	4	15 24	4	15 38
5	15 52	5	15 47	5	15 43	5	15 56
6	16 10	6	16 5	6	16 1	6	16 14
7	16 28	7	16 23	7	16 19	7	16 32
8	16 45	8	16 41	8	16 37	8	16 50
9	17 2	9	16 58	9	16 54	9	17 7
10	17 19	10	17 15	10	17 11	10	17 24
11	17 36	11	17 32	11	17 28	11	17 40
12	17 53	12	17 49	12	17 45	12	17 57
13	18 9	13	18 5	13	18 1	13	18 13
14	18 25	14	18 21	14	18 17	14	18 29
15	18 40	15	18 36	15	18 33	15	18 44
16	18 55	16	18 51	16	18 48	16	18 59
17	19 10	17	19 6	17	19 3	17	19 13
18	19 24	18	19 21	18	19 18	18	19 28
19	19 38	19	19 35	19	19 32	19	19 42
20	19 52	20	19 48	20	19 46	20	19 55
21	20 6	21	20 2	21	19 59	21	20 9
22	20 19	22	20 15	22	20 12	22	20 22
23	20 31	23	20 28	23	20 25	23	20 34
24	20 43	24	20 40	24	20 37	24	20 46
25	20 55	25	20 52	25	20 49	25	20 58
26	21 7	26	21 4	26	21 1	26	21 9
27	21 18	27	21 15	27	21 12	27	21 20
28	21 29	28	21 26	28	21 23	28	21 31
29	21 39	29	21 36	29	21 34	29	21 41
30	21 49	30	21 46	30	21 44	30	21 51

Declinaison Sud

Premiere Année			Deuxiefme Année			Troixiefme Année			Bifexte		
Iours	D.	M.	Iours	D.	M.	Iours	D.	M.	Iours	D.	M.
1	21	58	1	21	56	1	21	53	1	22	0
2	22	7	2	22	5	2	22	2	2	22	9
3	22	15	3	22	13	3	22	11	3	22	17
4	22	23	4	22	21	4	22	19	4	22	25
5	22	31	5	22	29	5	22	27	5	22	33
6	22	38	6	22	36	6	22	35	6	22	40
7	22	45	7	22	43	7	22	42	7	22	47
8	22	51	8	22	50	8	22	48	8	22	53
9	22	57	9	22	56	9	22	54	9	22	59
10	23	3	10	23	1	10	23	0	10	23	4
11	23	8	11	23	6	11	23	5	11	23	9
12	23	12	12	23	11	12	23	10	12	23	13
13	23	16	13	23	15	13	23	14	13	23	17
14	23	20	14	23	19	14	23	18	14	23	20
15	23	23	15	23	22	15	23	21	15	23	23
16	23	26	16	23	25	16	23	24	16	23	26
17	23	28	17	23	27	17	23	26	17	23	28
18	23	29	18	23	29	18	23	28	18	23	30
19	23	30	19	23	30	19	23	30	19	23	31
20	23	31	20	23	31	20	23	31	20	23	31
21	23	31	21	23	31	21	23	31	21	23	31
22	23	31	22	23	31	22	23	31	22	23	31
23	23	30	23	23	31	23	23	31	23	23	30
24	23	29	24	23	30	24	23	30	24	23	29
25	23	28	25	23	28	25	23	28	25	23	27
26	23	26	26	23	26	26	23	27	26	23	25
27	23	29	27	23	24	27	23	24	27	23	22
28	23	20	28	23	21	28	23	21	28	23	19
29	23	16	29	23	17	29	23	18	29	23	15
30	23	12	30	23	13	30	23	14	30	23	11
31	23	8	31	23	9	31	23	10	31	23	6

Declinaifon Sud (Premiere Année) · Declinaifon Sud (Deuxiefme) · Declinaifon Sud (Troixiefme) · Declinaifon Sud (Bifexte)

E VRAY MOYEN DE
TROVVER LA VARIATION DE
l'Aymant par la Table des Amplitudes, & par les degres &
minutes que le Soleil se leuera ou couchera sur le Bus-
solle loing de l'Est où du Ouest vers le Nord
où vers le Sud.

E LA CONSTRVCTION D'VN BVSSOLLE
propre pour facillement trouuer la variation de l'Aymant.

L y à plusieurs choses à considerer en la construction d'vn Bussolle.

Premierement le Bussolle doit estre composé de bois bien sec, afin qu'il ne se iette en dehors n'y en dedans.

Que la boitte du Bussolle soit quarree ayant 6. poulces de dia-metre de dedans en dedans.

Que lon y face deux fenestres de verre de deux poulces en quarré droit au milieu de deux des costes opposites.

Qu'il y ait vn fil perpendiculaire droict an milieu de chacune fenestre.

Que le piuot qui doit porter la Rose des ventz soit directement au centre du fonds de la boitte, & soit droict & esleué orthogonellement, n'ayant la pointe trop grosse, n'y trop deliee.

Que la Rose des vents soit bien ronde, & soit graduee en 4. fois 90. degres sur le limbe, ayant o. à l'Est & au Ouest & 90. au Nord & au Sud.

Que la chappelle de la Rose soit percee bien droicte, & soit directement au centre de la Rose: En sorte que quand ladicte Rose sera sur son piuot, le Nord & le Sud d'icelle soit precisement vis à vis des filets qui sont aux fe-nestres, & qu'en faisant tourner icelle Rose l'Est & le Ouest se puisse aussy rapporter vis à vis desdicts filetz.

Que la grandeur de la Rose soit proportionnee à la boitte: En sorte qu'elle puisse auoir son mouuement libre. Et ne soit ladicte Rose, estant sur son pi-uot, eslongnee des filets plus d'vn coup de ligne.

Que la pointe pour reçeuoir l'Aymant soit d'acier.

Que ladicte poincte d'acier soit directement sous la fleur delis de la Rose au poinct de 90. degres.

Et sur toutes choses fault estre; curieux que ladicte poincte d'acier soit touchee directement au Nord d'vne bonne pierre d'Aymant, pource que ce-

B

la manquât, ne trouueries iamais les effects de vos obseruations se rap
au.... ions des aultres. Et c'est icy qu'est le secret de l'Aymant.
P... fi feres aussy le boittier de bois bien sec & de forme quarree
a.. vn bon balancier pour faire tenir la boitte en equilibre; Et que la
boitte ayt dedans son mouuemēt libre; & ainsy sera le Bussolle bien pre

COMME LON PEVLT VEOIR AVEC
le Bussolle en quel degré & minute se
leue & couche le Soleil.

Ayant vostre Bussolle appresté (comme il est dyt cy deuant) Vous le
.eres en quelque lieu plan, le plus eslongné des ancres & canons du
uire que vous pourres, Et opposeres les fenestres d'iceluy directement ve
leuer ou le coucher du Soleil, en sorte que les deux filets qui sont aux tene
estant l'vn par l'autre couppent le corps du Soleil en deux parties eg
alors qu'il sortira où entrera dedans l'horison: Et à l'instant prendres g.
quel degré & minutte sera vis a vis des filets.

Aduertissement I.

Quand vous trouueres sur le Bussolle que le Soleil seleuera ou couch
en mesme degré & minutte que la Table des Amplitudes monstre, il n'y a
aucune variation d'Aymant.

Aduertissement. 2.

La difference qu'il y aura entre les degres & minuttes trouues sur la Ta
& les degres & minuttes trouues sur le Bussolle, sera la variation de l'Ay

Aduertissement. 3.

Quand le leuer du Soleil est de l'Est vers le Sud sur le Bussolle, & que
declinaison du Soleil soit Sud: Alors il conuient adjouster ce que vous tr
ues sur le Bussolle, Et ce que monstre la Table ensemble & le total sera la
riation de l'Aymant.
Le semblable se fera aussy au coucher du Soleil.

Aduertissement. 4

Quand le leuer du Soleil est de l'Est vers le Sud sur le Bussolle, & que la d
clinaison soit Nord, alors il faut soustraire le plus petit nombre du pl
grand, Et le reste sera la variation de l'Aymant
Le semblable se fera aussy au coucher.

PROPOSITION PREMIERE.

Les degres du Soleil sur l'horison trouues auec le Bussolle estant donnes auec les degres & minuttes, marqués sur la Table, trouuer la variation de l'Aymant à vne seulle obseruation.

Exemple. 1.

Estant par les 50. degres de Latitude, & ayant 2. degres de declinaison Sud, i'ay trouué auec le Bussolle que le Soleil seleuoit 3. degres 24. minuttes de l'Est vers le Sud; la Table monstroit qu'il se deuoit leuer 3. degres 6. minuttes de l'Est vers le Sud, i'ay donc adjousté ces deux nombre ensemble, est venu 6. degres 30. minuttes de variation pour le lieu de ladicte obseruation.

Aduertissement.

S'on auoit veu le mesme iour en autre lieu coucher le Soleil 3. degres 24. minuttes du Ouest vers le Nord, on auroit aussy 6. degres 3. minuttes mais la variation seroit Nordouest.

Aduertissement.

Le Soleil estant à l'Equinoctial, Et voyant le leuer d'iceluy precisement à l'Est, ou son coucher precisement au Ouest n'y auroit aucune variation.

Aduertissement.

Sy le Soleil estoit à l'Equinoctial, & que le Bussolle monstrast 4. degres de l'Est vers le Sud à son leuer lauariation seroit 4. degres Nord'ouest

Et s'y le Soleil s'estoit leué 4. degres de l'Est vers le Nord, la variation seroit 4. degres Nordest.

L'opposite de ces deux sera prins pour le coucher.

Aduertissement.

Sy vn homme trouuoit sur la Table des Amplitudes que le Soleil se deust leuer 6. degres de l'Est vers le Nord, & qu'il se leuast precisement à l'Est, il auroit 6. degres de variation Nordouest.

Sy le Soleil se deuoit leuer sur la Table 6. degres de l'Est vers le Sud, & qu'il se leuast precisement à l'Est, la variation seroit 6. degres Nordest.

Le semblable seroit s'y le coucher du Soleil deuoit estre 6. degres du Ouest vers le Nord, & qu'il se couchast au Ouest, la variation seroit aussy 6. degres Nordest.

Sy du Ouest vers le Sud la variation seroit Nordouest.

Aduertissement.

D'autant que bien souuent quelques obseruateurs de la variation de l'A-
mant n'entendans point ce qu'ils font, trouuent la variation, mais n'e sça-
roient dire de quelle part elle est ou Nordest ou Nordouest. Ce que i'ay r
marqué en quelques obseruations, qui ont esté faictes en plusieurs endroi
du Monde par des François Anglois, & Hollandois, qui disoient, apeu pr
leurs degres de la variation des lieux ou ils auoient obserué, mais en plusieu
nedisoient que simplement la variation, sans dires'y elle estoit Nordest
Nordouest: Ce qui rendoit leurs obseruations inutiles mesmes ils s'en trou
d'autres, qui ayans esté en des lieux ou la variation est Nordest, la disent est
Nordouest : Et la ou elle est Nordoest veullent quelle y soit Norde
Ce qui m'a donné occasion de vouloir enseigner facilement
corriger ce deffault; & pour c'est effect, i'ay inuenté c'est instrument passé
12.ans, sur lequel (touttes vos obseruatiós estans rapportees) trouuerres a
sément la variation de l'Aymant, & de quelle part elle sera, & sans adjouste
ne .oubstraire.

Demonstration de c'est instrument.

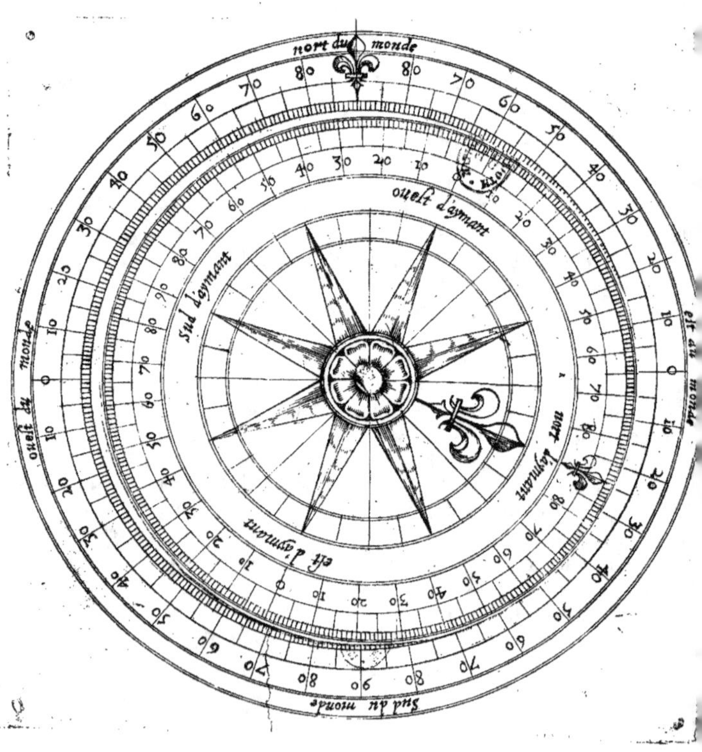

La Rouë Fixe, que nous nonmerons Rouë du Monde, represente les Poles du Monde Nord & Sud, & les degres des Amplitudes marqués sur la Table cy deuant·

La Rouë mobile represente le Nord & le Sud de l'Aymant, & les degres trounés sur le Bussolle.

La praticque dudict instrument est pour cognoistre
de quelle part sera la variation.

Exemple.

Ayant trouué sur la Table des Amplitudes, que le Soleil se deuoit leuer 15. degres de l'Est vers le Sud, & voyant son leuer sur le Bussoll 7. degres de l'Est vers le Nord, pour sçauoir la variation de l'Aymant & de quelle part, vous mettres les 7. degres de l'Est vers le Nord de la Rouë mobille sur les 15. degres de l'Est vers le Sud de la Rouë Fixe. Et a lors la fleur delis, ou Nord de la Rouë mobile, seroit sepaee de la fleur delis representant le Polle du Monde, de 22. degres vers le Nordest, qui seroit la variation Nordest.

Autre Exemple.

Sy vous auies veu leuer le Soleil sur vostre Bussolle 40. degres de l'Est vers le Nord; & que la Table vous monstrast qu'en ce mesme iour il se deuoit leuer 50 degres de l'Est vers le Nord; En mettant les 40. degres de l'Est vers le Nord de la Rouë mobile sur les 50. degres de l'Est vers le Nord de la Rouë fixe, alors le Nord de l'Aymant se monstreroit escarté du Polle artique 10. degres vers le Nordoest.

Autre Exemple.

Sy le Soleil estoit à l'Equinoctial & que le vissies leuer 20. degres de l'Est vers le Sud, vous mettres les 20. degres de l'Est vers le Sud de la Rouë mobil-le sur le o. de la Rouë fixe (qui represente le vray Orient, ou Est du Monde) Et alors la Fleurdelis de la Rouë mobille sera d'estournee 20. degres vers le Nordoest; qui sera la variation de l'Aymant.

Autre Exemple.

Sy la Table des Amplitudes monstroit que le Soleil se doit coucher en quelque iour proposé 21. degré du Ouest vers le Nord, & que les vissies cou-cher precisement au Ouest, vous mettries le point o. de la Rouë mobile(qui represente le Ouest de l'Aymant) sur le 21. degré du Ouest vers le Nord de la Rouë du Monde, & alors la Fleurdelis de l'Aymant se verra eslongnee 21. degres vers le Nordest du Polle articcque.

C

ADVERTISSEMENT AVX PILOTTES
Et Nauigateurs.

Our ce qu'il y à plusieurs endroicts au Monde, ou l'on voit peu souuent l
lener ou le coucher du Soleil en l'horizõ ce qui empesche l'vsage de la Ta-
ble des Amplicudes & Rend touttes les Exemples, & demonstrations mise
cy deuant (pour trouuer la variation de l'Aymant) inutilles, j'ay voulu ic
demonstrer familierement, Comme l on peut auoir la variation de l'Aymã
non feulement au lener ou au coucher du Soleil, mais à toutte heure du iou
en voyant l'umbre du Soleil, dans les pinulles de l'Aftralabe.

PROPOSITION.

La Latitude la declinaison du Soleil & le Rumb de vent ou il paroiftra sur le Buffolle
auec la hauteur sur l'horison eftant donnez trouuer la variation de
l'Aymant & de quelle part.
Exemple.

Stant par les 50. degres 10. minutes de Latitude Nord, ayant 7. degre;
de declinaison Nord, i'ay veu fur mon Buffolle le Soleil viron 39. minu-
tes de l'Eft vers le Sud, & fa hauteur fur l horifon eftoit 15. degrez.

Pour trouuer la variation de l'Aymant, i'ay regardé fur la fphere & fur le
Globe & ay trouué qu'en pareille Latitude & declinaison lors que le Soleil
eftoit efleué 15. degrez fur l horifon il deuoit eftre viron 7. degrez 9. minutes
de l'Eft vers le Sud.

Or parce qui à efté enfeigne cy deuant d'autant qu'entouttes les deux ope-
rations le Soleil eft de l'Eft vers le Sud ie lene les 39. minutes trouues fur le
Buffole des 7. degrez 9. minutes trouues for la fphere & fur le Globe & il
refte 6. degrez 30. minutes qui fera la difference de l'Eft du Monde à l'Eft
de l'Aymant qui eft ce que l'on nomme variation de l'Aymant laquelle fera
du cofté du Nordeft.

La mefme opperation fe peut auffy bien faice apres comme auant midy.

Aduertiffement

L'on peut fur la Rofe mife cy deuant trouuer la variation de l'Aymant &
de quelle part elle fera en faifant pofer les 39. minutes de l'Eft, vers le Sud de
la Roüe d'Aymant fur les 7. degrez 9. minutes de l'Eft vers le Sud dela Roüe
du Monde.

Pour trouuer la variation de l'Aymant quand la
declinaison du Soleil eft Sud
Exemple.

Eftant en la Latitude de 50. degrez 10. minutes Nord, ayant 4. degrez dé
declinaison Sud, le Soleil eftant efleué 11. degrez fur l'horifon paroiffoit fur

e Bussolle eslougné de l'Est vers le Sud viron 13. degrez 40. minutes
Ie trouuay sur la sphere & sur le Globe qu'en ceste Latitude de 50. degrez
o. minutes le Soleil estant esleué 11. degrez sur l'horison lors qu'il declinoit
. degrez vers le Sud, deuoit estre eslongné de l'Est vers le Sud viron 20. de-
rez 10. minutes.
En leuant doncques 13. degrez 40. minutes de 20. degrez 10. minutes reste
. degrez 30. minutes de variation d'Aymant au lieu de loperation laquelle
ariation est vers le Nordest comme vous le pouues veoir sur la double Roie
 deuant.

Aduertissement.

I'ay donné les deux Exemples cy deuant (pour trouuer la variation de
'Aymant atoutte heure du ioar) à ceux qui nentendent point l vsage des
Tables des sinus auec lesquelles nous ferons demonstration des mesmes
exemples.

PROPOSITION. 1.

La Latitude la declinaison & la hauteur du Soleil sur l'horison estant
donnes trouuer l'heure du iour.

Exemple.

Que la Latitude soit 50. degrez 10. minutes Nord, la declinaison du Soleil
oit 7. degrez Nord la hauteur du Soleil sur l'horison 15. degrez.
Adjoustes la declinaiso du Soleil 7. degrez auec le complement de la La-
titude, qui est 39 degrez 50. minutes vient 46. degrez 50. minutes dont le
sinus droict est 7293. duquel sinus s'y vous en leues le sinus de 15. degrez
25882. qui est la hauteur horizontalle du Soleil restera 47055. qui sera le
premier nombre trouué
Apres vous dires par la reigle de Troix S'y 64056. sinus du complement de
la Latitude donne l entier sinus 100000. combien donnera 47055. premier
nombre trouué multipliant & diuisant viendra 73460. pour second nom-
bre trouué.
Derechef vous dires S'y 99255. sinus du complement de la declinaison
donne l'entier sinus combien le second nombre trouué multiplies & diuises
& vient 74011. lesquels estant leues de 100000. qui est l'entier sinus restera
25989 sinus de 15. degrez 4. minutes dont le complement 74. degrez 56.
minutes sera l'arc-horaire auant midy qui conuerty en heures à 15. degrez
pour heure donneront viron 5. heures deuant midy qui seront 7. heures du
matin, qui est ce que l'on demandoit.

PROPOSITION. 2.

La hauteur du Soleil sur l'horison estant donnee auec l'heure auant midy
& la declinaison du Soleil trouuer le degré
Azimuthal ou Runb de vent du Soleil.

Exemple

Que la hauteur du Soleil sur l'horison soit encor 15. degrez l'heure a
midy 74. degrez 56. minutes.

La declinaison du Soleil 7. pegrez Nord & on desire le degré Azimut
Vous dires par la regle de Troix s'y 96593. sinus du complement
hauteur donne 96562. sinus de 74. degrez 56. minutes qui est l'arc-hor
combien donnera 99255. sinus du complement de la declinaison multip
& diuises viendra pour quotient 99223. sinus de 82. degrez 51 minutes
le Soleil sera loing du Sud & sera 7. degrez 9. minutes de l'Est vers le Sud

PROPOSITION 3.

Le degré Azimuthal, ou Runb de vent ou se trouue le Soleil par les sinus estant do
auec le Runb de vent ou il sera sur le Bbussolle trouuer la variation
de l'Aymant & de quelle part.

Exemple.

Sy le Soleil se trouue estre par les sinus comme alaprecedente 7. degrez
minutes de l'Est vers le Sud & qu'il fut sur le Bussolle 39. minutes de l'Est ve
le Sud fer es comme aux precedentes & trouueres 6. degrez 30. minutes
variation Nordest.

Autre Exemple.

Estant en la Latitude de 50. degrez 10. minutes Nord & ayans 4. degrez
declinaison Sud, le Soleil estant esleué 11. degrez sur l horison paroissoit su
le Bussolle eslongné de l'Est vers le Sud 13. degrez 40. minutes.

Pour auoir la variation de l'Aymant au iour de ceste obseruation i'ay re
gardé sur la sphere plaine ou sur le Globe & ay veu qu'en ceste Latitude d
50. degrez 10. minutes le Soleil estant esleué 11. degrez sur l'horison ayant 4
degrez de declinaison Sud doit estre eslongné de l'Est vers le Sud viron 20
degrez 10. minutes. Alors procedant comme à la precedente ie leues 13. de
grez 40. minutes de 20. degrez 10. minutes & reste 6. degrez 30. minutes d
variation Nordest.

Laquelle obseruation se peut aussy faire
par les sinus droicts.

PROPOSITION. 2.

La Latitude la declinaison du Soleil & sa hauteur Horisontalle
donnees trouuer l'heure du iour.

Exemple.

La Latitude soit 50. degres 10. minutes Nord, la declinaison du Soleil
degrez Sud sa hauteur sur l'horison 11. degrez.
ous leueres 4. degrez de declinaison Sud, de 39. degrez 50. minutes qui
le complement de la Latitude & du sinus du reste 35. degrez 50. minutes
est 58543. vous leueres le sinus de 11. degrez 19081. hauteur Horisontalle
sera 39462. qui sera le premier nombre trouué.
uis vous dires par la reigle de Troix s'y le sinus du complement de la La-
de 64056. donne 100000. qui est l'entier sinus combien donnera le pre-
er nombre trouue 39462. multiplies & diuises & viendra 61605. pour
ond nombre trouué, apres vous dires par la mesme reigle s'y le sinus du
aplement de la declinaison 99716. donne l'entier sinus combien donne-
61605. second nombre trouué multipliant & diuisant viendra 61784. que
s leuerez de l'entier sinus restera 38216. sinus de 22. degrez 28. minutes
t le complement 67. degrez 32. minutes sont les degrez horaires auant
apres midy.

La hauteur horisontalle du Soleil l'heure auant ou apres midy & la declinaison
du Soleil nous estant donnees trouuer en quel Runb de vent sera le Soleil.

Exemple.

Que la hauteur Horisontalle soit 11. degrez l'heure auant midy 67. degrez
minutes & la declinaison du Soleil 4. degrez. Sud.
Vous dires par la reigle de Troix s'y 98163. sinus du complement de la
teur horisontalle donne 92410. sinus des degrez horaires combien don-
a 99716. sinus du complement de la declinaison multipliant & diuisant
ndra 93869. sinus de 69. degrez 50. minutes que le Soleil sera loing du
vers l'Est (S'y c'est au matin) ou vers le Ouest (s'y c'est au soir) dont le
aplément sera 20. degrez 10. minutes, Comme vous aues trouué sur vo-
sphere, que le Soleil doit estre de l'Est vers le Sud, Ayant donc trouué
ame a la precedente sur vostre Bussolle le Soleil estre 13. degrez 40. mi-
es de l'Est vers le Sud. trouueries encores la variation estre 6. degrez 30.
utes ce qu'il falloit monstrer.   FIN.

www.ingramcontent.com/pod-product-compliance
Lightning Source LLC
LaVergne TN
LVHW012104170726
843501LV00008BB/2752